BEI GRIN MACHT SICH IHR WISSEN BEZAHLT

- Wir veröffentlichen Ihre Hausarbeit,
  Bachelor- und Masterarbeit

- Ihr eigenes eBook und Buch -
  weltweit in allen wichtigen Shops

- Verdienen Sie an jedem Verkauf

Jetzt bei www.GRIN.com hochladen
und kostenlos publizieren

Ekaterina Zakharova

"Künstliche Gletscher" – ein traditioneller Ansatz zur Wasserversorgung arider Hochgebirgsregionen des Karakorum, Hindukush und Himalaya

GRIN Verlag

Bibliografische Information der Deutschen Nationalbibliothek:

Die Deutsche Bibliothek verzeichnet diese Publikation in der Deutschen National-
bibliografie; detaillierte bibliografische Daten sind im Internet über http://dnb.d-
nb.de/ abrufbar.

Impressum:

Copyright © 2010 GRIN Verlag, Open Publishing GmbH
Druck und Bindung: Books on Demand GmbH, Norderstedt Germany
ISBN: 978-3-640-88660-9

Dieses Buch bei GRIN:

http://www.grin.com/de/e-book/170060/kuenstliche-gletscher-ein-traditioneller-
ansatz-zur-wasserversorgung

GRIN - Your knowledge has value

Der GRIN Verlag publiziert seit 1998 wissenschaftliche Arbeiten von Studenten, Hochschullehrern und anderen Akademikern als eBook und gedrucktes Buch. Die Verlagswebsite www.grin.com ist die ideale Plattform zur Veröffentlichung von Hausarbeiten, Abschlussarbeiten, wissenschaftlichen Aufsätzen, Dissertationen und Fachbüchern.

Besuchen Sie uns im Internet:

http://www.grin.com/

http://www.facebook.com/grincom

http://www.twitter.com/grin_com

Universität Passau

Philosophische Fakultät

Hauptseminar Sommersemester 2010

"Künstliche Gletscher" – ein traditioneller Ansatz zur Wasserversorgung arider Hochgebirgsregionen des Karakorum, Hindukush und Himalaya

Ekaterina Zakharova

Studiengang MA ICBS

Inhaltsverzeichnis

1.   Einführung

Das Problem der Wasserversorgung existierte seit mehreren Jahrhunderten für die Bewohner der Dörfer, die sich in ariden Hochgebirgsregionen in Zentralasien und zwar in Karakorum, Hindukush und Himalaya befinden. Vor einigen Jahrzenten ist der Ansatz der traditionellen Wasserversorgung mit Hilfe der Bildung der sogenannten künstlichen Gletscher das Interesse der Wissenschaftler hervorgerufen und als Thema einiger Forschungsarbeiten und Reportagen geworden.

Zuerst zu der Definition. Der Begriff „künstliche Gletscher" ist in dieser Arbeit, wie auch in einigen wissenschaftlichen und publizistischen Quellen als Bezeichnung des Forschungsobjektes verwendet. Nach der Aussage der einheimischen Geologen aber handelt es sich eher um einen Eiskörper, der nicht die Eigenschaften eines Gletschers aufweist. In den englischen Definitionen kann man auch solche Begriffe wie "artificially maintained deposits of snow" oder "non-electrical ice reserves" finden (PALLAVA, 1998).

Folgende Seminararbeit ist der Entstehung, der geographischen Lage und den Eigenschaften der künstlichen Gletscher gewidmet, die von den Bewohner der ariden Hochgebirgsregionen als Lösung für Irrigations- und Wasserversorgungsprobleme benutzt wurden und auch in der modernen Gesellschaft neulich wieder implementiert, bzw. fortgesetzt wurden. Sogenannte künstliche Gletscher sind manuell geschaffene Eisakkumulationen von Bergbewohner einigen Teilen des Hochgebirgssystem nördlich des indischen Subkontinents und südlich des Tibetischen Hochlands – Himalaya, des Karakorum und Hindukush.

Das Thema der künstlichen Gletscher ist noch nicht ausführlich erforscht. In dieser Arbeit ist ein Überblick und Analyse anhand der wenigen Materialien und Quellen zusammengefasst. Die Forschungsfragen der folgenden Arbeit beziehen sich auf die Geographie der künstlichen Gletscher, ihre Struktur, Wirksamkeit und Effizienz für die Wasserversorgung der Dörfer, Entstehung der künstlichen Eisformationen in der modernen Zeit.

Die erwähnten Gebiete verfügen über riesige Eisakkumulationen, bzw. natürliche Gletscher in den Höhen ab 3000 hm. Wasserversorgung der Hochgebirgsregionen erfolgt hauptsächlich durch Niederschlag während bestimmten Zeitperioden und Gletschertauen. Die Bergbewohner leiden dabei daran, dass in den Bergen der Niederschlag in bestimmten Höhen und zu einigen Jahreszeiten stattfindet. Die Täler aber, wo die signifikantesten landwirtschaftlichen Objekte liegen, bleiben trocken. Die jährliche Niederschlagsmenge beträgt ca. 50mm. Im Winter sinken die Temperaturen bis -30C, im Frühling und Sommer, in der wichtigsten Zeit für Anbau der landwirtschaftlichen Kulturen, fällt kaum Regen und die

Täler werden allein durch Schmelzwasser von den Gletscher versorgt. Somit bilden Hochgletscher ein wichtiges Element für die Wasserversorgung der Hochgebirgsregionen und vor allem für die Landwirtschaft (HAEBERLI et al., 2008:101). Wenn die Gletscher leichter zugänglich und nutzbar wären, konnte es die Situation der Wasserknappheit erleichtern. Künstliche Versionen der Eiskörper sind viel kleiner als normale Gletscher, können aber von der Länge her bis 800 Fuß betragen. Als Regel werden künstliche Gletscher im felsigen Umfeld auf der Höhe 14,800 Fuß ü. NN geschaffen.

Die Methode der künstlichen Eisakkumulation wurde nach den Berichten, veröffentlichten in dem Zeitschrift New Scientist (*www.newscientist.com/...*) schon seit mindestens 1812 bekannt und erfolgreich angewandt. Von dem her, kann man den Ansatz der künstlichen Gletscherbildung nicht nur als klimawandelbedingt bezeichnen, sondern als traditionelle Maßnahme gegen harte Klimabedingungen in den ariden Hochgebirgszonen betrachten.

2. Geographie der Gebiete, wo künstliche Gletscher entstanden sind

Die künstlichen Eiskörperformationnen sind zu verschiedenen Zeiten in einigen Hochdörfern von Himalaya, Hindukush und Karakorum entstanden. Für den besseren Überblick gehen wir weiterhin auf die geographische Lage und klimatische Eigenschaften des zu erforschten

Gebietes und konkreter Ortschaften an, wo künstliche Gletscher zu verschiedenen Zeiten angelegt wurden.

Bergkette Himalaya liegt zwischen Burma und Pakistan, die ungefähre Breite beträgt von 250 bis 350 Kilometern und die Länge von 3.000 Kilometern. Die Hochgebirgsregion des

Abbildung 1

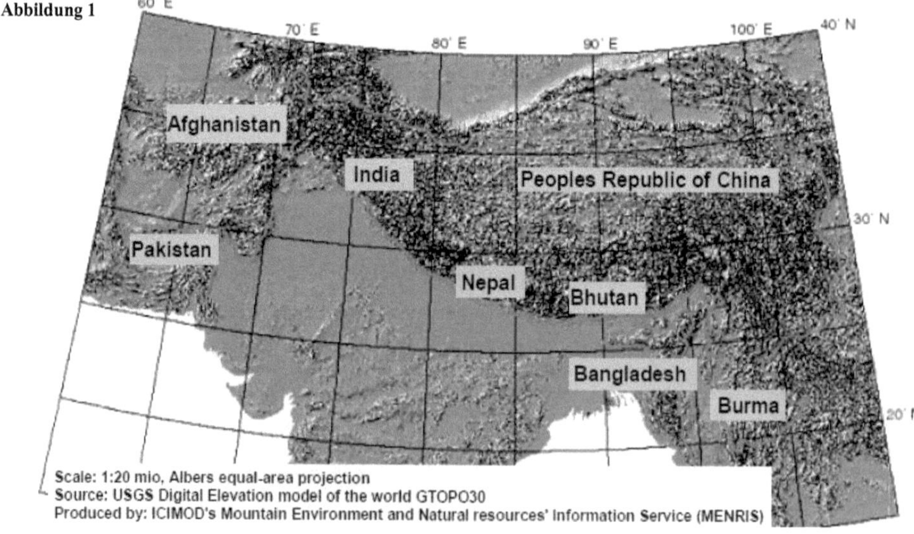

Himalaya erstreckt sich über acht Staaten (Pakistan, Indien, China, Nepal, Bhutan, Burma, Afganistan) und liegt hauptsächlich im chinesischen Tibet (GAESE et al., 2006, vgl. Abbildung 1). Das Gebirge in Zentralasien - Hindukusch liegt größtenteils in Afghanistan, der östliche Teil mit den höchsten Gipfeln liegt in Pakistan . Das Gebiet von Hindukusch, wo auch künstliche Gletscher angelegt wurden, erstreckt sich über Nordpakistan.

Das Himalayagebirge gilt aufgrund seiner großen Höhe als klimatischer Übergangspunkt zwischen

dem Subkontinent Indien und dem Hochplateau Tibet. Die kalten Nordwinde kommen nicht über das Gebirge. Hinter dem Himalayagebirge ist es ziemlich trocken. Hier sind die bekannten Wüsten und trockenste Ortschaften der Welt - Gobi und Taklamakan situiert (YURIN, 2001).

Die Südseite des Himalayas ist also geografisch und klimatisch komplett unterschiedlich von der Nordseite. „Während sich an den Südhängen Monsunregen und Steigungsregen abregnen und dort für Feuchtigkeit und Vegetation sorgen, bleibt das Klima im Himalaya im Norden des Gebirges trocken und kalt"(*www.mercatpress.com*).

Die Schneegrenze liegt im Himalaya bei ungefähr 5.000 bis 6.000 m. Da für diese Höhe starke Winde typisch sind, ist das Klima im Himalaya äußerst untauglich für Menschen und dauerhaft nur in den niedrigen Ortschaften zu ertragen. An die Regionen des Himalaya Gebirges können sich lediglich die Sherpas anpassen, die in Höhen von bis zu 3.500 m Siedlungen haben (HOFFMANN, 2004).

Die Nordseite des Himalaya Gebirges ist sehr trocken. Sie wird zusätzlich in den Wintermonaten durch den Nordostpassat, „einen kalten, trockenen Nordwind weiter „ (*www.suedasien.info*).

Verhältnismäßig zu dem alpinen Klima wo Bergen lediglich Wetterscheiden sind, ist das riesige und hohe „Dach der Welt", das Himalaya Gebirge, - „eine Klimascheide". Hier entsteht durch den Himalaya eine riesengroße, unüberwindbare Barriere, die das Klima nördlich davon von dem im Süden trennt (*www.mercatpress.com*).

Der Karakorum liegt auf 36 Grad nördlicher Breite, der östlichen Himalaya auf etwa 28 Grad (SEYFFERT, 2006). Der Karakorum schließt sich nördlich an die Hauptkette des Himalaya an und ist Teil des Hochgebirgssystems von Himalaya.

Mehr als zehn künstliche Gletscher wurden von einem norwegischen Forscher Ingvar Tveiten in den Ortschaften Baltistan and Gilgit entdeckt. Die Gebiete liegen im nordöstlichen Teil von Pakistan (vgl. Abbildung 2). Diese Gegend ist seinerseits reich an großen natürlichen Gletscher, die ev. Zusammen mit der klimatischen Lage in der Interdependenz mit den künstlichen Gletschern stehen. Ausführlichere Information ist im Kapitel 3 dargestellt.

In den 80er Jahren wurde die Arbeit an den künstlichen Vergletscherungen von einem Bauingenieur Chewang Norphel in Ladakh wiederaufgenommen. Das Gebiet liegt im Norden von India und erstreckt sich zwischen den Gebirgsketten des Himalaya und des Karakorum. Die Täler befinden sich auf einer Höhe von 3000 m ü.d.M. Die Berge erreichen Höhen von über 7000 m ü.d.M. Die Hauptstadt von Ladakh ist Leh, die ca. 27.500 Einwohner zählt. Ladakh ist ein sehr trockenes Gebiet, vergleichbar mit der Sahara (*www.leh.nic.in*). Die künstlichen Gletscher werden in diesem Gebiet vom großen und markanten Gletscher Siachen gespeist.

Abbildung 2. Gebiete in Pakistan und Indien, wo künstliche Gletscher gefunden wurden

Warum Tradition der Gletscherbildung in diesen Gebieten entstanden ist, liegt daran, dass das Klima in den Hochgebirgen arid ist und die Bewohner zusätzliche Wasserquellen für die Wasserversorgung und Irrigation brauchen (_www.mercatpress.com_).

Dazu sind in diesen Gebieten größte natürliche Gletscher situiert, so dass die einheimischen Bauern die Wasserakkumulationsmethode verwenden und selber nachvollziehen konnten.

3. Interdependenz der natürlichen und künstlichen Gletscher. Struktur und Eigenschaften der natürlichen Gletscher

Im Kapitel 4 sind Technologien der Eisakkumulation, bzw. der Bildung der künstlichen Gletscher dargestellt. Jeder künstliche Gletscher wurde aber in der Nahe zu dem natürlichen eingerichtet und vom Tauwasser gespeist. Bevor zur Struktur des künstlichen Gletschers zu übergehen, hab ich die Phasen der Wasserzirkulation der natürlichen Gletscher im Karakorum und Himalaya analysiert, von denen die vom Menschen angelegte Eisformationen unmittelbar abhängig sind.

Gletscher stellen Eiskörper dar, die ihrerseits aus Ablations- und Akkumulationszonen, bzw. Nähr- und Zerrgebieten bestehen. Ihre „Nahrung bekommen die Gletscher in Form von Schnee" (SEYFFERT, 2006). Als Nahrungsquelle dienen auch Eis- und Schneelawinen, die von den steilen Hängen auf die Gletscher niedergehen. Ein Gletscher ist auch ein bewegliches Gebilde und Eis fließt unter dem Einfluss seines Gewichtes in die tieferen Regionen des Tales, wo auch Temperaturen höher sind und die Eisschichten verschmelzen. Dabei entsteht auch die Gletscherzunge – nach unten ausgedehntes, relativ dünnes und schmales Eisgebilde. Unterhalb der regionalen bzw. klimatischen Schneegrenze, wo die Ablation beginnt schmilzt der Schnee im Sommer völlig ab (DITTRICH, 2005).

Wo sich ein Gletscher bildet oder bis wohin er fließen kann hängt von den Temperaturen ab und von den Niederschlagsmengen. Die Volumen des abgeleiteten, bzw. der akkumulierten Eis sind von einander direkt proportional abhängig. Je grösser die Akkumulationszone ist, desto mehr Eis gelingt in die Ablationszone. Die Steilheit der Talsohle ist auch von großer Bedeutung. „Auf steiler Talsohle fließt das Eis schneller als auf flachen Talsohle"(SEYFFERT, 2006). Masse der Bedeckung des Gletschers ist auch von Bedeutung. Je mehr Eis von Geröll bedeckt ist, umso langsamer schmilzt es ab. Deswegen kann man auch vermuten, dass bei der Konstruktion der künstlichen Gletscher schon in früheren Zeiten die Eigenschaften der natürlichen Gletscher teilweise nachgeahmt wurden. Aber von der anderen Seite wurden die künstlichen Gletscher auch da angelegt, wo die am besten wachsen konnten, d.h. außer Lage der zukünftigen künstlichen Eisformation wurden auch vermutlich die Eigenschaften des speisenden Körpers oder Gletschers berücksichtigt.

Gletscherwasserausbrüche spielen auch große Rolle in der Landschaftbildung der Hindukush-Karakorum Gebirge. Im Paper von Dr. L.Iturrizaga[1] tritt als Forschungsgebiet Karamber valley, Ortschaft Gilgit in Nordpakistan auf. Glaziale Ausbrüche wurden durch Tauprozessen in den Gletschern entstanden, die sich auf der Höhe zwischen 2800 und 3750 m mit potenziellen Eisvolumen von 300-500 mill. m befinden. Zumindest 5 von den untersuchten Ausbrüchen wurden im 19. Und 20. Jahrhunderten gebildet (ITURRIZAGA, 2004). Die Gletscherwasserausbrüche dienen auch als Wasserspeicher in den Gebieten ihrer Entstehung.

Die Gletscher in Karakorum sind deutlich grösser und umfangreicher als die im östlichen Himalaya. Die größten Gletscher des Gebiets, die auch heutige künstliche Eisformationen speisen befinden sich im nord-östlichen Himalaya, im pakistanischen Hindukusch und im Teil Karakorums, der in Ladakh an der Grenze mit China liegt. Die Übersicht mit den Abmessungen der größten Gletscher in den Gebieten von Osthimalaya, Karakorum und Hindukush ist im Anhang als Vergleichstabelle von Guenter Seyfferth dargestellt.

4. Warum Künstliche Gletscher

Künstliche Gletscher oder vom Menschen geschaffene Eisakkumulationen sind in den erforschten Gebieten zur wichtigen Lösung für die Wasserversorgung geworden. Weiter wird auf die Gründe und Vorbedingungen derer Entstehung eingegangen.

Die Ökosysteme in Hochgebirgen sind ziemlich verletzbar und veränderlich. Er zeichnet sich als typisches Hochgebirge in seiner Ökologie durch verschiedene Höhenstufen in der Vegetation, des Klimas und der Böden aus (LESER, 2005: 351). Die Hochgebirgsökosysteme stehen in unmittelbarer Abhängigkeit von der Sonneneinstrahlung, und von der Temperatur, die mit zunehmender Höhe stetig abnimmt. Weitere Einflussfaktoren sind das Wasser, „welches in allen drei Aggregatzuständen auftritt, der Luftdruck, die benachbarten Lebensräume und die Morphologie".

---

[1] Privatdozentin, Universität Göttingen, Geographisches Institut
Arbeitsbereich Geographie und Hochgebirgsgeomorphologie

Abgelegenheit der regionalen Klima weist Ihre eigenen spezifischen ökologischen Bedingungen auf, wie Windverhältnisse, Sonneneinstrahlung, Höhe, Exposition, Topographie, Wasserversorgung (GAESE et al., 2006:50).

Durch die Anpassung an die Besonderheiten dieser Gegend entstand eine einzigartige Kulturlandschaft. In diesem ariden Klima ist die landwirtschaftliche Produktion vollkommen abhängig von künstlicher Bewässerung und „eine Unsicherheit der Wasserversorgung" bildet somit eine gravierende Belastung in dieser Region (GAESE et al., 2006:51).

Von der Seite des Wesens der ersten Siedler im Karakorum ist bekannt, dass die Bergbewohner Techniken und Strategien entwickelten, um „sich den extremen Umweltbedingungen besser anzupassen und ihr Überleben zu sichern"(REINEKE, 2001: 27). „Ackerbau kann in der ariden Talstufe nur durch künstliche Bewässerung und Terrassierung der Felder erfolgen".

Das Irrigationswasser kommt aus Seitentale. Quellen entstehen aus Schmelzwasser von Schneefeldern und Schneeformationen, die durch Lawinen abgelagert werden. Knappheit der natürlichen Ressourcen und deren hohe Belastung, Populationsnachwuchs und neue Anforderungen der Eiinwohner konnten nicht außer Acht gelassen werden. Durchschnittlicher Niederschlag in Ladakh beträgt weniger als sieben Zentimeter. Und das Hauptproblem ist Wassermangel im März und April, in wichtigsten Monaten für die Irrigation der Landwirtschaftlichen Flächen und Ansäen (REINEKE, 2001: 31).

 In ariden Hochgebirgsgebieten besteht Bedürfnis nach effizienter Verteilung der einzigen Wasserquelle – Tauwasser. Gletschereis und Schnee tauen im Laufe des ganzen Jahres, so dass Tauwasser in die Flüsse versickert und verschwendet wird. Künstliche Gletscher beginnen im Frühling zu tauen, genau in der Zeit der ersten Irrigation. Sie dienen auch als Wasserquellen für den ganzen Sommer, wo das Klima in den Hochgebirgsregionen besonders trocken ist.

In der modernen Zeit des raschen Klimawandels und der Klimaerwärmung treten die Gletscher zurück. Winter werden kürzer und warmer. Wenn der kleine Schneefall kommt, taut der Schnee auch ziemlich schnell. Von dem her, sind die künstlichen Gletscher auch zur passenden Lösung der Wasserversorgungsprobleme der heutigen Tage geworden (KUMAR, 2009).

Heutzutage treten sogar sozial-politische Gründe als Anreizen für Gletschererrichtung in Ladakh. Künstliche Vergletscherungen haben große Bedeutung für die Wasserversorgung nicht nur der einheimischen bürgerlichen Dorfbewohner, sondern dienen auch als

Wasserquelle für die Armee, die in den Grenzgebieten mit China eingesetzt ist. Ein Wissenschaftler von DIHAR[2], Om Prakash Chaurasia berichtet: "Wir sind imstande 50% der Soldaten mit frischem Gemüse zu versorgen, indem wir uns mit den einheimischen Bauern kooperieren"(PUDASAINI, 2010).

Es ist evident, dass in den erforschten Gebieten das Problem des Wassermangels sehr scharf steht, das sich auch auf mehreren Ebenen, sowohl rein klimatischen und morphologischen, als auch demographischen und sozialen beruht. In diesem Zusammenhang ist es wichtig zu verstehen, wie die Wasserversorgung in den ariden Hochgebirgsgebieten von Himalaya erfolgt.

5. Wasserversorgung im Hochland des Himalaya

Kurzer Überblick über Wasserversorgung des Gebietes wurde dargestellt, um den besseren Verständnis anzuschaffen, welche Rolle künstliche Eisbildung in der Bewässerungsinfrastruktur spielen konnte.

In vielen Quellen, gewidmeten den Themen der Wasserversorgung der Hochgebirgsregionen sind Berge als "water towers" der Welt erwähnt. Bergen dienen als Orte der Ablagerung und Aufbewahrung des Wassers in Form von Schnee und Eis. (ABRAMPAH, 2008:10)

Allgemeine Bewässerungsinfrastruktur ist weiter auf Beispiel eines Dorfes in der Grenzregion „Upper Mustang" in Nepal nahe dem ehemaligen Tibet betrachtet (GAESE et al., 2006:38). Die Daten der Untersuchung sind nach der Meinung der Forscher auf Grund der Homogenität der Region auf die Gesamtregion des Himalayan Hindu-Kush übertragbar.

Nur aktive Bewässerung ermöglicht Existenz der Landwirtschaft und die Lebensbasis in Hochgebirgsregionen. Aber die deckt selten den kompletten Jahresbedarf. Die Region trifft auch Veränderungen verbundene mit Auswirkungen von Klimawandel und steigendem Ressourcenbedarf durch „wachsende und anspruchsvollere" Bevölkerung.

Was die Forscher als typisches Bewässerungssystem für die ganze Region bezeichnen, sind „terrassierte Oasen in einer kargen Geröllwüste"(GAESE et al., 2006: 49). Wasser wird durch verzweigtes Kanalnetz auf die verschiedenen Terrassenfelder gelenkt. Bei Wasserknappheit wird das Wasser akkumuliert und in einem „Reservoir gespeichert". Am nächsten Tag, kann

---

[2] Indisches NGO Defence Institute of High Altitude Research

das Wasser von da durch einen Kanal abgeleitet und zur andauernden „Versorgung zur
Verfügung gestellt".

In Pakistan spielt das Schmelzwasser von Schnee und Gletschern ausschlaggebende Rolle: es
liefert ca. 80 Prozent des abfließenden Wassers. Im Unterschied zu anderen Regionen im
Himalaja scheinen die Gletscher im westlichen Teil, dem Karakorum, derzeit nicht generell
zurückzugehen. Einerseits profitieren diese Gebiete von feuchten Westwinden im Winter; die
„Niederschläge haben zugenommen, und die Sommertemperaturen sind leicht gesunken."
Anderseits sind die Gletscher oft von Schutt oder so genannter Isolationsschicht bedeckt, was
deren Abschmelzen verhindert oder verzögert. (ZEMP, *www.nzz.ch*). Da der Ansatz der
Bildung der künstlichen Gletscher seit einigen Jahrhunderten existiert und auch in der
modernenn Zeit in einigen Dörfer Pakistans und Indiens angewendet wird, kann man
vermuten dass solche Natureigenschaften auch zu der Bildung der speziellen Technologie der
Wasserversorgung beigetragen haben.

Das Verfahren der Gletscherbildung kann man auch als eine Art der klassischen
Wasserversorgung bezeichnen. Im weiteren Kapitel ist die Technologie der Wasserleitung
und Wasserspeicherung in Form eines Eiskörpers dargestellt, die lediglich alle Aspekte der
Wasserversorgung und des Verfahrens beinhaltet.

6. Physische Eigenschaften und Technologie der Akkumulation der Eiskörper

Für den besseren Verständnis, was genau künstliche Gletscher darstellen und wie sie angelegt
werden, wurde die Information zur den Verfahren der Gletscherbildung und den
Eiskörpereigenschaften gesammelt.

Laut der Berichte von Online Zeitschrift New Scientist
(www.newscientist.com/...) erfolgte künstliche Eisakkumulation
in den Gebieten von Karakorum und Hindukush
stufenweise und wurde mindestens
seit 1812 angewandt.

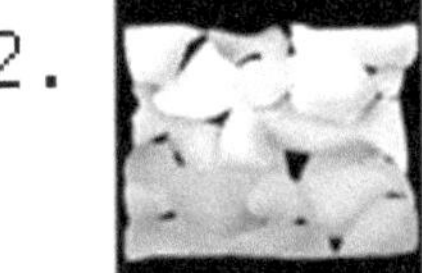

1. Die Stelle, wo sich Eis am besten
akkumulieren kann, soll sich auf der
ungefähren Höhe von 4500 m. befinden
und auf der Nord-westlichen Seite liegen.
Die Temperatur soll dann zwischen
-15 und -20 Grad Celsius betragen.
Als gute Voraussetzungen dienen auch

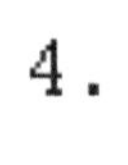

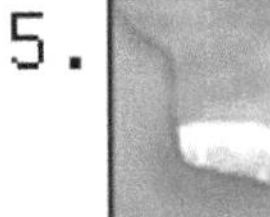

Abbildung 3

solche Faktoren, wie felsige Landschaft mit kleinen Steinen (von Durchschnitt ~ 25 cm) und Eisresten dazwischen.

2. 300 kg von so genanntem weiblichen Eis wird genommen und auf der Schicht des männliches Eis angehäuft (Definition der Begriffe siehe unten).

3. Die Wasserkalebassen werden in den Spalten platziert. Wenn der Gletscher zu wachsen beginnt, platzen die und füllen die Spalten, bzw. verbinden die Eisformationen zusammen. Dank der internen Luftzirkulation zwischen den Steinen und Eisblöcken erfolgt weiteres Eiswachstum.

4. Demnächst wird der Eisblock mit der Holzkohle, Sägemehl, Nussschalen oder Kleidungsresten bedeckt um den neuen Gletscher zu isolieren. Die Isolation hilft auch frühzeitiges Schmelzen zu vermeiden. Die ganze Konstruktion muss zumindest für vier Winter gelassen werden.

5. In jeder Saison wird das tauende Wasser im künstlichen Gletscher aufgesammelt und gefroren. Somit wächst die Eismasse zusammen, formt den einheitlichen Gletscher und rutscht langsam hinunter. Im Endeffekt wird wachsende und flutende Eiskörper mir der Länge von dutzenden Metern gebildet (TVEITEN, 2007).

Die Gletscherbauer unterscheiden zwei Sorten von Gletschereis: die „männliche" und die „weibliche". Ein Gletscher muss beide Sorten beinhalten. „Männliches Eis" hat „zahlreiche Verunreinigungen durch Steine und Erde". Es ist ziemlich stabil und dient als Grund für die künstliche Eisformation. Weibliches Eis hat wenige Verunreinigungen und erscheint dadurch weißer und ist ziemlich beweglich. Es gibt Unterschiede in der Definition von „männlichem" und „weiblichem" Eis. So wird auch das männliche als das weiße Eis ohne Verunreinigungen definiert. Wichtig ist, dass beide Varianten vorhanden sind (FAIZI, 2007).

Der Erfolg eines künstlichen Gletschers hängt zunächst von der Wahl des Standortes der Akkumulation ab. Die optimale Fläche soll leicht schräg sein, nordwestlich ausgerichtet sein, über zahlreiche Steine von ca. 25 cm Durchmesser verfügen und von steilen Felswänden umgegeben sein, um genügend Schatten zu haben. Falls die Steine zu groß oder zu klein sind, „kann der Wind nicht richtig zirkulieren, um weitere Feuchtigkeit abzulagern." (FAIZI, 2007). Die geschaffene Formation muss nun etwa vier Winter unberührt gelassen werden, „damit sich Steine der umliegenden Berge und vor allem Schnee und Eis auf dem künstlichen Gletscher sammeln." Anschließend die Eismasse soll groß genug sein, um aufgrund des Eigengewichts den Hang hinunter zu gleiten. Hier ist die gewählte Hangneigung von Bedeutung. Ein solcher Gletscher kann mehrere hundert Meter lang werden.

Nach dem modernen Verfahren, dass seit 80er Jahren im Gebiet von Ladakh, Nordostindien benutzt wurde werden zuerst an den ausgewählten Stellen Steindämme aufgebaut. Bach- oder Schmelzwasser wird dann durch Kanäle oder Rohrleitungen vom Durchschnitt 1.5" die nach jeden 5ft installiert sind hingeleitet. Wasser von dem existierenden Strom wird mit Hilfe von eisernen Rohrleitungen auf die Schattenseite des Felsens abgelenkt. Entlang der Auflauffläche des Berges werden kleine Steindämme angelegt, die das Wasser in flachen Becken aufhalten. Wasser sammelt sich in flachen Teichen, in denen es gefriert. Nach einigen Wochen wiederholten Aufleitens von Wasser auf das bereits erzeugte Eis bildet sich ein langer, schmaler Eiskörper. Anfang Winter wird das Wasser hingeleitet und sobald die Wintertemperaturen fallen, friert das Wasser ein, indem es eine dicke Eisschicht bildet, die fast wie ein langer dünner Gletscher ausschaut. (NORPHEL, *www.Rainwaterharvesting.org*). Tveiten seinerseits ist auch der Meinung, dass man die klassischen alten Methoden der Gletscherbildung mit den neuesten Technologien vervollständigen kann, um die Effizienz zu erhöhen. Als mögliche Methoden dafür findet er Bildung der kalten Luftdrainagen, Verdunstungskühler und Verlagerung der möglichen Eisdepositen. "Given the exact setting and practices of glacier planting, I suspect they are designed to reproduce conditions known to involve evaporative cooling across the freezing point"(TVEITEN, 2007).

7. Künstliche Gletscher in der modernen Zeit

In weiteren Kapiteln wurde ausführlich auf zwei Gebiete eingegangen, wo nach den Berichten der Forscher und der Presse auch heutzutage die künstlichen Gletscher erfolgreich konstruiert und benutzt werden.

7.1 Künstliche Gletscher in Nordpakistan

Methoden und Ritualen der Gletscherbildung im Hindukusch, Nordpakistan wurden von dem norwegischen Forscher Ingvar Tveiten vom Department of International Environment and Development Studies an der Norwegischen University of Life Sciences untersucht und dargestellt.

Heutzutage sind die Kenntnisse und know-how der Gletscherbildung bei den älteren einheimischen Dorfbewohner erhalten. Ingvar Tveiten nennt den Namen von Ghulam Rasool – einen älteren Mann, der mit 77 als Expert der Gletscherbildung im Dorf Hanouchal Haramosh in Karakoramgebirge gilt. Wie auch viele andere Siedlungen in dem Gebiet, leidet Hanouchal Haramosh an Wassermangel und ineffiziente Wasserversorgung. Hauptsächlich kommt der Schnee in der Höhe, wo keine Siedlungen situiert sind, d.h. die besiedelten Täler bleiben trocken. Um die Irrigation in den Feldern durchführen zu können, wird von den

Dorfbewohnern Tauwasser von den Bergen benutzt. Am Ende der Saison aber ist fast der ganze Schnee weg, das Wasser trocknet ab und Erntevolumen senkt.

Einige andere Dörfer haben mehr Glück. Gletscherschmelzung erfolgt im Bereich der Wasserscheide, deswegen existiert permanente Wasserversorgung des Gebietes. Da Eis auch viel langsamer als frischer Schnee taut, dauert Wasserversorgung viel länger, ist auch überschaubar.

Anbei taucht die Frage auf, ob und wie es wirklich mit den künstlichen Gletschern funktioniert? Aga Khan Rural Support Programme (AKRSP), ein lokales NGO in Baltistan, führt einige Beispiele von langfristig angelegten künstlichen Gletschern an. Ein von den liefert Wasser seit 1940er, und der zweite wurde voraussichtlich im 16. Jahrhundert angelegt. AKRSP hat diese Funde und die positive Erfahrung überzeugend und effizient genug eingeschätzt, so dass 17 neue Gletscherbildungsprojekte für die Verbesserung der Wasserversorgung in den Dörfern mit eingeschränktem Zugriff zum Tauwasser eingeplant wurden. Vor kurzem wurde auch Absichtserklärung mit der Pakistanischen Regierung abgeschlossen, damit die Aktivitäten in den weiteren Dörfer von Baltistan und dem nahe liegenden Gilgit verbreitet sein konnten. Von dem Parbat Social Welfare Organisation, Sozialverband das in Chilas liegt, im Süden von Gilgit, wurden zumindest 10 Gletscher seit 2003 gebaut (TVEITEN, 2007).

7.2 Künstliche Gletscher in Nordindien

 In der nordindischen Gebiet Ladakh, wurden seit mehr als 30 Jahren künstliche Gletscher aufgebaut. Hauptproblem dieses Gebietes bestand darin, dass es wegen arider Klima sehr schwierig war die nötigen für die Ernährung landwirtschaftlichen Kulturen anzubauen und zu extrem ariden Jahren gab's sogar nicht genug Essen für die Einwohner von den Wüstenregionen, angelegten hoch in den Bergen - Jammu und Kashmir, den nördlichsten Siedlungen in Indien. Da Ackerbau nur ab April bis August möglich war, bereitete die kalte Klima von Himalaya eine riesige Voraussetzung für die Ernährung von 300,000 Menschen (PUDASAINI, 2010).

Bis 1960er, waren die Ladakher selbstgenügsames Volk, lebend von Gerste, Weizen und Kartoffel. Heutzutage aber sind in der Region an der indisch-chinesischen Grenze viele Soldaten der indischen Armee eingesetzt. Dazu ist das Gebiet in der touristischen Hinsicht ziemlich anlockend geworden, so dass die Jugendlichen sich andere Beschäftigung finden können als mühevoller Ackerbau. Fast drei Viertel der Einwohner sind von den staatlichen Subsidien abhängig, weil die einheimische Produktion sich als sehr schwierige erwies.

Um diesen negativen Trend zu verhindern, arbeiten die lokalen NGOs am neuen Projekt für die Unterstützung der Landwirtschaft und Nahrugsproduktion. Dazu zählen solche Organisationnen wie India's Defence Institute of High Altitude Research (DIHAR), und lokale Administration, Ladakh Autonomous Hill Development Council (LAHDC).

Allerdings eines der effizientesten Projekten erwies sich der künstliche Gletscher, der vom Bauengineour Chewang Norphel für Leh Nutrition Project[3] angelegt wurde.

Irrigation in Ladakh ist vom Schnee und glazialem Tauen abhängig. Das Hauptproblem besteht darin, dass die Hauptzeit des Tauens mit den Bedürfnissen der einheimischen Bauer nicht zusammentrifft. Norphel hat effizientes Stauanlagensystem geschafft, welches glaziales Tauwasser aufsammelt und aufbewahrt. Wasser beginnt im April zu tauen, wenn es zur Anpflanzung kommt, wird das Wasser durch das Kanalnetz in die Dörfer weitergeleitet.

Heutzutage wurden neun künstliche Gletscher im Ladakh errichtet und das Anlegen von noch vier ist bis Mitte 2011 geplant.

Die meisten der Region aktive NGOs, betrachten als Schlüssel für die wirtschaftliche Unabhängigkeit die Benutzung von traditionellen Kenntnissen und Einführung der etablierten Strukturen für die kooperative Landwirtschaft in weit zerstreuten Siedlungen. Außerdem die neueren einfachen Technologien wie beispielsweise mechanisierte Drescher und hydraulische Pumpen werden auch eingesetzt.

Wie Norphel selbst bemerkt, außer Lösung des Irrigationsproblems helfen die künstlichen Gletscher bei der Grundwasseranreicherung und Bereicherung der Wasserquellen. (PUDASAINI, 2010).

1999 wurde Norphel in Annerkennung seiner Erfindung von Far Eastern Economic Review mit Asian Innovation Award bepreist.

8. Wirksamkeit der künstlichen Gletscher, Kosten, Aussichten

Wie schon erwähnt bleibt das Thema der künstlichen Gletscher sehr schwach erforscht. Und es gibt keine eindeutigen Daten, in welcher Ortschaft der erste angelegt wurde. Inayatullah Faizi, wissenschaftlicher Mitarbeiter bei dem Government Degree College in nordwestlichen

---

[3] Projekt wurde 1978 etabliert. Hauptziel des Projektes – Wasserversorgung der Bauer während der Anbauzeit im April.

Provinz von Pakistan Chitral führt als Beweis an, dass erster Gletscher, geschaffener für die Irrigation 1812 entstand. Allerdings erster dokumentierter Beweis ist erst nach einem Jahrhundert aufgetaucht und wurde von dem englischen kolonialen Administrator Namen D.L.R. Lorimer 1920 referiert. Ungeachtet dessen, dass die Technologie als veraltet und nicht sehr wirksam beschrieben wurde, ist die Tradition von Gletscherbildung erhalten geblieben (TVEITEN, 2007).

Mir ist es gelungen die konkreten Daten und Abmessungen des neulich geschaffenen Gletschers in Ladakh zu finden. Der größte künstlich erzeugte „Gletscher" in Ladakh in der modernen Zeit stellt die Bewässerung für die kleinen Dörfer in Nordindien , er ist etwa 2 km lang, 30-100 m breit und besitzt eine Dicke von etwa 1,6 m. Dieser Gletscher dient als Wasserquelle für vier kleine Dörfer Phuktse Phu, Phuktse, Shara and Sharmos (Einwohnerzahl!!!). Bisher wurden sieben solcher Bewässerungssysteme gebaut, die Durchführung eines solchen Projekts kostet etwa 7.000 Dollar. (SHRAGER, 2008).

Die Technologie der Gletscherbildung, angewendete zum ersten Mal in 80er Jahren in Leh, Hauptstadt von Ladakh zeigte sich als ziemlich erfolgreiche. Im Winter bleiben die Wasserablaufvorrichtungen komplett offen, dass das Wasser dauerhaft laufen kann ohne zu frieren. Künstliche Gletscher werden als Regel in der unmittelbaren Nahe zum versorgten Dorf gebaut, so dass die Bewohner Zugriff dazu haben konnten. Dazu nehmen alle Mitglieder der Gemeinschaft an Konstruktionsprozess teil.

Was Finanzierung anbetrifft, so variieren sich die Kosten ab 3 bis10 lakh INR rupees (Euro 5000 – 16600). Über Begrenztes Budget für die Entwicklung der künstlichen Gletscher verfügt Watershed Development Programme – ein Programm des Commissionerate of Rural Development in Indien (*www.ruraldev.gujarat.gov.in*).

2008 wurde ein Projekt der Gletscherbildung von der Indischen Armee im Rahmen des Friedensansatzes Sadhbavna finanziert (*www.lehnutritionproject.org*).

In Nordpakistan, nämlich im Gebiet von Gilgit wurde die Errichtung der künstlichen Gletscher von internationaler NGO Aga Khan Rural Support Program unterstützt. Als Ziel des Programms stellt NGO Verbesserung der Lebensbedingungen der Bewohner in Hochgebirgsregionen und Steigerung des Wasserqualität des Flusses Indus (National Geographic, 2001).

Die Einheimischen Dorfbewohner sind von der Effizienz der Methode überzeugt und die pakistanische Regierung hat die Versuche der Gletscherbildung vor einigen Dekaden aufgenommen. Siet dieser Zeit wurde Wasserversorgung in vielen Gebieten, wo die Methode

aufgenommen wurde, wesentlich verbessert, bzw. es entstanden viele zusätzliche
Wasserleitungen. Das Verfahren aber wird auch kritisiert. Die Gletscher werden in den
Gebieten aufgebaut, wo die Vorbedingungen für Eisakkumulation ziemlich gut sind, wie
beispielweise auf den Hängen, über 4500 m an den nordwestlichen Seiten des Berges, wo
auch die Felsen ganz steil sind oder sogar oberhalb des Felsen, scheinen die
Verwendungsgebiete geographisch ziemlich begrenzt zu sein (TVEITEN, 2007).

Ingvar Tveiten deutet auch in seinem Bericht an, dass man bei der technischen Analyse der
künstlichen Gletscherbildung noch die Tatsache berücksichtigen muss, dass dieses Verfahren
in Pakistan mit vielen alten Traditionen und Ritualen verbunden ist, die hilft die einheimische
Gesellschaft miteinander zu vereinigen. Hermann Kreutzmann, Geologe von der Freien
Universität Berlin, hat eine Zeremonie in Hunza in der Nähe zu Gilgit, im Jahre 1985
miterlebt. "It seemed very plausible to me to search for a specific location at the appropriate
altitude with a tolerable temperature regime and to place ice there," so Kreutzmann. Sobald
Eis absorbieren konnte und Wasser aufgestaut wurde, klärte er :"a substantial amount of ice
in a proper location might indeed augment water supplies"(DOUGLAS, 2008).

Aga Khan Rural Support Programme[4] in Pakistan wird mehrere Forschungsprogramme
entwickeln um die Technologie der Gletscherbildung besser zu verstehen und das Verfahren
weiter zu verbreiten. Sogar die Forscher in den Anden, wo Gelände ähnlich ist, haben schon
gewisses Interesse dafür gezeigt.

Die Information über den Erfolg des künstlichen Gletschers in Ladakh und Nordpakistan
verbreitet sich weiter. Einige Beobachter schätzen, dass dieses Verfahren auch in der neuen
Zeit in den anderen ariden Hochgebirgsgebieten mit gleichen Konditionen weiterverbreiten
kann.

---

[4] Pakistanisches NGO, fokussiert auf die Fragen der Gesundheit, Bildung, Kultur, landwirtschaftliche
Bodenplanung, Institutionbildung und Förderung der wirtschaftlichen Entwicklung www.akdn.org

9. Fazit

Insgesamt kann zusammengefasst werden, dass das Verfahren der künstlichen Eisakkumulation für die dargestellten ariden Gebiete von Himalaya, Hindukush und Karakorum traditionell ist und seit 18. Jahrhundert bekannt wurde.

Die größten Gebiete, wo künstliche Gletscher eingerichtet wurden oder heutzutage aufgebaut werden liegen in der unmittelbaren Nahe zu den großen natürlichen Gletschern in Nordpakistan und Nordindien, auf den Bergmassiven von Hindukush und Karakorum.

Prozess der Bildung der künstlichen Gletscher, Lage und Eigenschaften sind auch unmittelbar mit dem Ansatz der allgemeinen Wasserversorgung des gesamten Gebietes und physischen Eigenschaften der naheliegenden natürlichen Gletscher verbunden. Deswegen müssen die künstlichen Gletscher nicht autonom, sondern in der Interdependenz oder Interaktion mit anderen Faktoren betrachtet werden.

Als Hauptgrund für die Einrichtung der künstlichen Gletscher dienen die klimatischen Vorbedingungen der ariden Hochgebirgsregionen, wo Landwirtschaft und Wasserversorgung strikt von der Gletscherschmelzphase abhängt, die nicht mit der Hauptirrigationssaison zusammentrifft.

Die Gletscherbildung, aufgenommene in der modernen Zeit hat sogar staatliche Aufmerksamkeit gewonnen, heutige Projekte der Gletscherbildung bekommen Unterstützung und Investitionen. Der Ansatz ist unter allem sehr wichtig in der Zeit der Klimawandlung und rasches Gletscherschmelzens. Nach den Berichten von National Geographic kann ein Eiskörper mit den Abmessungen von 300 m lang, 45 m breit und 1 m tief die Wasserversorgung für das Dorf mit der Einwohnerzahl von 700 Menschen gewährleisten (BAGLA, 2001).

Das Thema der künstlichen Gletscher erscheint als ziemlich komplexe, die in mehrere Dimensionen unterteilt sein kann, wie beispielweise – physische, historische, geographische und sogar politische Ebenen. Heutzutage ist das Verfahren nicht genug erforscht und kann zum Forschungsthema von solchen Disziplinen wie Geographie, Geologie, Glaziologie oder Ethnologie werden.

10. Anhang

Tabellen mit den wichtigsten Gletscher des Himalya- und Karakorumgebietes. (Guenter Seyfferth, 2006 http://www.himalaya-info.org/gletscher.htm)

Anbei sind die Längen als Näherungswerte angegeben.

Gletscher im Hindukush

Gletschername	Staat	Länge in km	mittlere geogr. Breite	mittlere geogr. Länge	Hohe Gipfel im Einzugsgebiet	Entwässert in das Flusssystem
Chiantar	Pakistan	32	36° 45'	73° 45'	Kho-I-Chiantar, 6416 m	Yarkhun/Chitral/Indus
Darban/Udren/Atrak	Pakistan	29	36° 30'	71° 50'	Noshaq, 7492 m Shingeik Zom, 7294 m Darban Zom, 7219 m Udren Zom, 7108 m	Mastuj/Chitral/Indus
Oberer Tirich	Pakistan	22	36° 20'	71° 50'	Tirich Mir, 7708 m Noshaq, 7492 m Istor-O-Nal, 7403 m	Mastuj/Chitral/Indus

Gletscher im westlichen Karakorum

Gletschername	Staat	Länge in km	mittlere geogr. Breite	mittlere geogr. Länge	Hohe Gipfel im Einzugsgebiet	Entwässert in das Flusssystem
Batura	Pakistan	56	36° 35'	74° 30'	Batura, 7794 m Pasu, 7478 m	Hunza/Indus

Gletschername	Staat	Länge in km	mittlere geogr. Breite	mittlere geogr. Länge	Hohe Gipfel im Einzugsgebiet	Entwässert in das Flusssystem
					Muchu Chhish, 7453 m Sani Pakkush, 6952 m Kuk Sar, 6943 m	
Biafo + Snow Lake	Pakistan	66	35° 55'	75° 40'	Baintha Brakk (Ogre), 7285 m Latok, 7145 m Lukpe Läwo Brakk, 6593 m Uzun Brakk, 6422 m	Süd-Braldu/Shigar/Indus
Karambar	Pakistan	20	36° 36'	74° 10'	Kampire Dior, 7168 m	Karambar/Gilgit/Indus

Gletscher im östlichen Karakorum

Gletschername	Staat	Länge in km	mittlere geogr. Breite	mittlere geogr. Länge	Hohe Gipfel im Einzugsgebiet	Entwässert in das Flusssystem
Baltoro/Abruzzi	Pakistan	58	35° 45'	76° 30'	K2, 8611 m Gasherbrum I (Hidden P.), 8068 m Broad Peak, 8051 m Gasherbrum II, 8035 m Gasherbrum III, 7952 m Gasherbrum IV, 7925 m Masherbrum, 7821 m Chogolisa,	Süd-Braldu/Shigar/Indus

					7668 m Sia Kangri, 7422 m Baltoro Kangri, 7300 m Muztagh Tower, 7284 m	
K2	China	18	35° 55'	76° 30'	K2, 8611 m Chongtar Kangri, 7330 m	Shaksgam/Yarkand
Siachen	Pakistan	71	35° 30'	77°	Saltoro Kangri, 7742 m K12, 7469 m Teram Kangri, 7464 m Sia Kangri, 7422 m Mt. Ghent, 7401 m Apsarasas Kangri, 7245 m Singhi Kangri 7202 m	Nubra/Shyok/Indus
Teram Sher	Pakistan	28	35° 28'	77° 08'	Apsarasas Kangri, 7245 m	Siachen-Gletscher

11. Literaturverzeichnis

Publikationen, Abstracts, PHD-Thesen

Abrampah, Tony M., (2008): Practical Challenges in Managing Traditional Natural Ressource Commons, S. 10

Bagla, Pallava, (1998): A Ladakh villager makes artificial glaciers to harvest water

Dittrich, Juliane, (2005): Die Entstehung und Eigenschaften der Gletscher, Seminararbeit, S. 2-5

Douglas, Ed, (2008): How to grow a glacier, New Scientist, Magazine issue *2641*

Faizi, Inayatullah, (2005): Artificial Glacier Grafting: Indigenous Knowledge of the Mountain People of Chitral, Asia-Pacific Mountain Network Bulletin Vol. 8, No. 1

Gaese, Hartmut, Schmid Tim (2006): Probleme der Wasserversorgung im Hochland des Himalaya, Technology, Resource Management and Development, Wasser Berlin, S. 51-60

Haeberli, Wilfried, Maisch, Max, (2007): Klimawandel im Hochgebirge, Zürich, S. 101

Hoffmann Andreas, (2004): Institut für Indologie und Tamilistik, Universität zu Köln

Iturrizaga Lasafam, GeoJournal, (1999): Volume 47, Numbers 1-2, Springer

Pudasaini, Surabhi, (2010): Farming high in a Himalayan desert, Australian Geographic, March 30

Reineke Thomas (2001): Bodengeomorphologie des oberen Bagrot-Tales, ,Karakorum/Nordpakistan, Dissertation, Mathematisch-Naturwissenschaftlichen Fakultät der Rheinischen Friedrich-Wilhelms-Universität Bonn, S.30-45

Seyfferth Guenter (2006): Große Gletscher des Himalaya, Aktualisierter Stand vom 16.11.2009

Shiv Kumar (2009): The Tribune, Spektrum, Meltdown maladies

Shrager Heidi (2008): *'Ice Man' vs. Global Warming*, Times

Tveiten, Ingvar, (2007): Glacier Growing - a Local Response to Water Scarcity in Baltistan and Gilgit, Pakistan, Abstract

Yurin, Boris, (2001): Durch Himalaya, lib.ru, S. 23

Zemp Michael, Department of Geography University of Zurich, World Glacier Monitoring Service

Homepages

http://www.erlangen-online.de/nepal-exkursion/Geographie/Oekologie/oekologie.html

www.geo.unizh.ch/wgms/zh.html

http://www.himalaya-info.org/gletscher.htm

http://hss.ulb.uni-bonn.de:90/2001/0010/0010.pdf

www.leh.nic.in

www.lehnutritionproject.org

www.mercatpress.com

http://www.nepjol.info/index.php/HJS/article/view/851/866

www.news.nationalgeographic.com/.../0830_artglacier.html

www.newscientist.com/.../mg19726412.000-how-to-grow-a-glacier.html

www.nzz.ch

www.rainwaterharvesting.org

www.ruraldev.gujarat.gov.in

www.spectregroup.wordpress.com/2008/.../grow-your-own-glacier/

www.spiegel.de/wissenschaft/natur/0,1518,681915,00.html

www.suedasien.info

www.tribuneindia.com/2009/20091206/spectrum/main1.htm

www.tt.fh-koeln.de/publications/

Abbildungsverzeichnis

Abb.1: Nationalstaaten der Hindu Kush-Himalayan Region (www.tt.fh-koeln.de/publications/ittpub%20303101_07.pdf)

Abb.2: Kashmir Region (http://upload.wikimedia.org/wikipedia/commons/6/68/Kashmir_region_2004.jpg)

Abb.3: Glacierst o order (http://environment.newscientist.com/data/images/archive/2641/26412001.jpg)